367

EXPLOITATION GÉNÉRALE

DES CHIFFONS

POUR ENGRAIS.

EXPLOITATION GÉNÉRALE

DES CHIFFONS

POUR ENGRAIS

PREMIÈRE PARTIE

LES CHIFFONS ENGRAIS

APPLIQUÉS SPÉCIALEMENT A LA VIGNE ET AUX PLANTES LIGNEUSES.

SECONDE PARTIE

LE PHOSPHO-POUSSIER

Ou combinaison du Phosphate de chaux avec le poussier de laine

APPLIQUÉ SPÉCIALEMENT AUX CÉRÉALES ET AUX PRAIRIES.

par

ARIÈS Père, Fils & CAPDEVIELLE,

rue Bigot, 24.

BORDEAUX.

INTRODUCTION

L'agriculture a toujours été et se trouve encore aujourd'hui la véritable source de toutes les industries. Sans doute, ces dernières ont subi des perfectionnements et des métamorphoses dignes du siècle qui les voit prospérer ; mais on admettra, et avec justice, que l'art agricole n'est pas resté en arrière et que ses perfectionnements peuvent être aussi constatés à la gloire des hommes de notre temps qui ont su les faire naître.

La recherche incessante de nouveaux engrais pour obtenir des produits plus riches et plus abondants ; les efforts persévérants pour transformer en produits utiles des masses considérables de détritus, source d'infection et de mort, constituent certainement l'un des plus beaux progrès réalisés et en même temps inspirés par l'agriculture. Enumérer les quantités innombrables de fabriques qui s'élèvent de tous côtés, citer les hommes honorables qui se mettent à la tête de ces entreprises, serait amplement prouver ce que nous venons d'avancer.

L'industrie que, depuis trente ans bientôt, nous avons nous-mêmes fondée n'est-elle pas tout à l'avantage et au profit de l'agriculture, et ne lui rendons-nous pas ce qu'elle-même nous a donné? C'est par ses soins assidus et vigilants qu'a pu naître et grandir la brebis dont la riche toison a servi à fabriquer nos vêtements; aujourd'hui ces vêtements, devenus vieux et ne pouvant servir, sont réclamés, et la vertu qu'ils possèdent encore va être utilisée au sein de la terre, pour faire germer de nouvelles plantes qui seront la nourriture d'un autre animal qui, lui aussi, grandira pour donner sa toison. Cercle éternel dans lequel la vie s'agite et se manifeste, mais où la matière ne fait que changer de place.

C'est ainsi que la nature, si ingénieuse dans ses moyens, si admirable dans ses ressources, saura faire servir l'élément en apparence le plus infime, à condition toutefois que l'intelligence de l'homme vienne la seconder.

Et cette intelligence, nous pouvons le constater, ne fait pas défaut aujourd'hui ; car si la pratique des champs semblait, à une époque encore peu éloignée de nous, être l'unique partage des derniers rangs du peuple, on peut maintenant voir en tête du mouvement agricole les hommes les plus éminents et portant un nom dont s'honorent, à juste titre, en même temps que la science et les arts, la société la plus élevée et la plus exigeante.

Sans doute, une jeunesse plus téméraire que coupable, plus entraînée que convaincue, s'imagine trop souvent encore que les grandes villes lui offriront des chances de succès et de fortune plus rapides et plus considérables que celles qu'elle aurait trouvées au sein des campagnes ; mais, hélas ! l'illusion est de courte durée et l'on s'aperçoit vite qu'il y avait plus de jouissance et de bonheur réel à cultiver en paix l'héritage de ses pères qu'à venir échanger contre des plaisirs trop souvent ruineux sa fortune et sa santé.

Espérons que le mal n'ira pas en s'agrandissant, qu'il trouvera une digue dans les exemples qui lui viennent d'en haut, et qu'à l'agriculture, notre société moderne devra son retour à la véritable civilisation et surtout à la moralisation dont elle éprouve un si pressant besoin.

Un philosophe du dernier siècle, l'abbé Raynal, disait, avec juste raison, « que les hommes comme les choses roulent dans un cercle défini d'où ils ne peuvent sortir, et que l'excès de civilisation les ramène au point d'où ils sont partis. » C'est l'agriculture qui, dans le début, a moralisé et civilisé les peuples, et certainement c'est l'agriculture qui, de nouveau, les moralisera et les civilisera.

Voulant aussi, nous, contribuer aux progrès et aux perfectionnements de cette agriculture de laquelle, comme nous le disions quelques lignes plus haut, il y a tout à attendre, nous venons, dans cet opuscule, expliquer l'un des plus beaux progrès, l'une des plus belles conquêtes réalisées par l'industrie en faveur de la pratique agricole : nous voulons parler de l'application *du chiffon de laine comme engrais* à l'agriculture et du *poussier de laine* en combinaison avec le phosphate de chaux. Ce nouveau produit, pour être nettement distingué d'avec d'autres productions, méritait une dénomination spéciale ; aussi l'avons-nous appelé, et avec raison, le *phospho-poussier,* ou combinaison du phosphate avec le poussier de laine.

Nous traiterons dans notre première partie du *Chiffon engrais,* et dans la seconde, du *Phospho-Poussier.*

PREMIÈRE PARTIE

LE CHIFFON ENGRAIS

CHAPITRE I.

Origine de la laine ; sa composition.

La laine est la matière filamenteuse qui couvre la peau des moutons et de certains autres animaux, tels que les chèvres du Thibet et de Cachemire, le castor, le lama, etc. C'est avec ces diverses espèces de poils, qui se distinguent les uns des autres par quelques propriétés physiques, mais qui ont la même nature et les mêmes caractères chimiques, qu'on fabrique, depuis l'antiquité la plus reculée, des étoffes qui servent à l'habillement et aux autres usages de l'homme, sous les noms de *draps*, de *cachemires*, de *mérinos*, de *casimirs*, de *lustrines*, de *serges*, de *flanelles, etc., etc.*

M. Chevreul, le directeur actuel du Jardin-des-Plantes de Paris, et auquel la science moderne doit les plus précieuses découvertes, a examiné la laine brute de mérinos et a trouvé qu'après avoir été séchée à 100 degrés, elle contient :

Matière terreuse................	26.06
Suint de laine soluble dans l'eau froide.	32.74
Espèces de graisses particulières.....	8.57
Matières terreuses fixées par les graisses	1.40
Laine proprement dite...........	31.23
	100.00

Dans l'analyse qui précède, nous avons parlé du *suint ;* il ne sera peut-être pas inutile de dire un mot de cette subtance qui se trouve dans la laine et qui en fait partie intégrante.

Le *suint* est une matière grasse, onctueuse, très odorante, qui, selon toute apparence, a sa principale source dans l'humeur de la transpiration cutanée de l'animal, mais qui peut bien avoir subi, par son contact avec les agents extérieurs, quelques changements qui ont modifié sa composition. Vauquelin l'a considéré comme un savon à base de potasse, associé à une certaine quantité d'acétate de potasse, de carbonate de potasse et de chlorure de potassium ; plus une substance animale odorante (1).

(1) Suivant M. Maumené, le *suint* n'est pas alcalin, attendu que la potasse qui s'y trouve en grande quantité est neutralisée principalement par un acide organique spécial, énergique, qui affecte la forme d'un liquide huileux. MM. Maumené et

La laine à l'état pur donne, d'après Scherer, la composition élémentaire suivante :

Carbone	50.653
Hydrogène	7.029
Azote	17.710
Oxygène et soufre	24.608
	100.000

Il est facile de constater qu'elle renferme du soufre au nombre de ses principes constituants. Il suffit de la faire bouillir légèrement avec une faible dissolution alcaline ; il en résulte une liqueur qui donne un dégagement d'hydrogène sulfuré avec les acides, et qui précipite en noir par les dissolutions métalliques, notamment par l'acétate de plomb.

Si nous nous sommes arrêtés à parler des différents principes qui se trouvent dans la laine, c'est qu'ils ont une importance réelle au point de vue du sujet que nous voulons traiter dans cet opuscule. La potasse, le soufre, l'azote, font sans contredit partie des principaux éléments de la végétation, et il nous va de les trouver réunis dans une matière que nous nous proposons d'appliquer d'une manière spéciale à l'agriculture.

Rogelet ont eu la pensée d'extraire industriellement la potasse du *suint*. Ce serait là une nouvelle industrie qui pourrait être exploitée avec succès dans tous les pays où l'on s'occupe du lavage des laines.

CHAPITRE II.

Le chiffon de laine dans l'industrie.

Le temps n'est pas encore très éloigné où l'on voyait les villes, les plus petits hameaux parcourus par des marchands qui échangeaient, contre des ustensiles de ménage, tous les chiffons qui encombraient chaque maison et que l'on considérait comme des rebuts dont il fallait se débarrasser au plus vite. Contre un plat souvent défectueux, on donnait quelques kilos de chiffons, et l'on s'imaginait avoir fait une brillante affaire ; mais l'on ne soupçonnait pas de quel côté était le véritable gain. Cependant il y en avait un réel, et celui qui expédiait vers les grands centres ces immenses ballots, rapidement façonnés, avait compris toute l'importance de la nouvelle industrie qui se créait alors, et qui compte à peine, au moment où nous écrivons ces lignes, un tiers de siècle d'existence.

Comme preuve de l'importance de cette industrie et des développements qu'elle prend chaque jour, il nous suffira de donner ici quelques détails qui nous sont personnels, puisque nous en sommes les véritables fondateurs. En 1838, première année du début de notre industrie, nous vendîmes 10 à 15,000 kilos, et l'année suivante nous dépassions 40,000 kilos. Depuis quinze ans environ, nous n'avons jamais été au-dessous de 1 million à quinze cents mille kilos par année, ce qui représente un chiffre d'affaires de 180 à 200,000 francs.

Dans le principe, ce n'était que pour engrais que nous nous occupions de la recherche des chiffons de laine; mais comme une industrie naît rarement seule, et sans qu'elle ne soit tôt ou tard suivie d'une nouvelle qui seconde et développe la première, il arriva que l'industrie des draps réclama les chiffons les plus chers et les meilleurs pour, après leur avoir fait subir une nouvelle transformation, les faire concourir à une nouvelle fabrication. Aussi les produits qui se vendaient alors 5 et 6 francs, ont atteint, aujourd'hui, le chiffre incroyable mais réel de 15 à 500 francs les 100 kilos.

Au début nous suffisions seul avec deux employés à notre entreprise; — aujourd'hui nous occupons à Bordeaux de six à sept cents ouvriers et ouvrières, nous avons des succursales à Béziers et à Narbonne, et nous occupons les détenus du département des Hautes-Pyrénées.

On comprendra pourquoi tant d'ouvriers nous

sont utiles lorsque, parmi les chiffons qui nous arrivent de toutes les contrées de l'Europe, il nous faut trouver soixante qualités différentes et qui, toutes, ont des applications spéciales soit en Hollande, en Prusse, en Autriche, en Italie, en Angleterre et surtout en France. Enfin notre chiffre d'affaires, avec les diverses contrées que nous venons d'énumérer, dépasse 2 millions de francs.

Voilà comme une industrie qui, dans le principe, s'annonçait sous les apparences les plus modeste et méritait à peine l'attention, a su s'agrandir et s'accroître et prendre rang parmi les premiers marchés de l'Europe.

Les vieux chiffons de tricots, de tissus de laine et même de draps sont ramenés à l'état de filaments et rentrent de nouveau dans la fabrication des tissus sous le nom de *renaissance*. Ce sont ces nouveaux procédés employés qui permettent de livrer des vêtements dont les prix, réellement peu élevés, ont toujours lieu d'étonner l'acheteur.

Une grande partie de ces chiffons est également employée dans les fabriques de papiers, car on ne fait pas seulement des papiers avec des chiffons de coton, de lin, de linge usé, mais bien encore avec les vieux vêtements de laine ; on en emploie considérablement dans la fabrication des papiers veloutés et surtout dans l'industrie des toiles cirées.

Enfin les débris qui ne peuvent être employés ni à la confection de nouveaux draps, ni à la fabrication du papier, son destinés à servir d'engrais, à fertiliser le sol, et c'est surtout à ce point de vue que nous voulons étudier le chiffon de laine.

CHAPITRE III.

Le chiffon de laine dans l'agriculture.

—

Pour démontrer quelle importance et quelle valeur ont et doivent avoir en agriculture les chiffons de laine, il nous suffira de citer le témoignage et les propres écrits des plus grands agronomes de notre temps, et auxquels, comme nous le disions plus haut, l'agriculture doit positivement ses plus heureux progrès du moment.

Pour procéder par ordre de temps, nous citerons d'abord l'opinion de John Sinclair, dont l'important ouvrage, l'*Agriculture pratique et raisonnée,* a été traduit de l'anglais par un autre homme jouissant d'une égale autorité en matière agricole, nous voulons dire l'illustre Mathieu de Dombasle. Voici ce que dit l'auteur anglais : « Les chiffons de laine découpés en petis morceaux sont employés à la quantité de 700 à 1,600 kilos par hectare ; ils réussissent et surtout sur les sols secs, sablonneux ou crayeux, attendu qu'ils attirent l'humidité de l'atmosphère et la retiennent sur le sol. » Mathieu de Dombasle a remarqué, pour son propre compte, que les effets des chiffons de laine sont surtout frappants dans les sols crayeux. (1)

Chaptal, dans sa *Chimie appliquée à l'Agriculture*, nous dit : « Un des phénomènes qui m'ont le plus étonné dans ma vie, c'est la fertilité d'un champ des environs de Montpellier, qui appartenait à un fabricant de couvertures de laine.

» Le propriétaire y faisait apporter, chaque année, les balayures de ses ateliers, et les récoltes en blé, en fourrages que j'ai vu produire à cette terre étaient vraiment prodigieuses.

» Pendant longtemps, dit le même agronome, les Génois recueillaient avec soin, dans le midi de la France, tout ce qu'ils pouvaient trouver de retailles et de débris de tissus de laine pour les faire pourrir aux pieds de leurs oliviers. »

M. le comte de Villeneuve, dans son *Manuel d'agriculture pratique à l'usage des départements du Sud-Ouest*, écrivait, il y a quelques années : « J'ai établi, il y a huit ans, une grande usine pour filer la laine et apprêter les draps. En affermant cet établissement, je m'étais réservé les débris des

(1) Au lieu d'employer en nature et seuls les chiffons de laine, le savant agriculteur en formait ordinairement des composts en les mélangeant avec du fumier, en tas, afin d'y déterminer un commencement de décomposition avant leur emploi.

tontes des draps et des bourres et balayures que je faisais ramasser avec soin. Tous ces débris doivent être mis dans un local qui ne soit pas sujet au feu, ce mélange de laine et d'huile occasionnant une fermentation qui enflamme quelquefois le tas ; *cet engrais est vraiment admirable pour les vignes.* Dans l'hiver, on déchausse un peu le pied des souches, des femmes mettent dans ce creux deux poignées de bourre ou tonte, et on les recouvre de suite ; s'il pleut assez dans l'hiver, l'effet s'en fait sentir au printemps à la couleur foncée des feuilles. C'est ainsi que, dans l'espace de quelques années, j'ai réparé entièrement mes vignes. »

M. de Gasparin, dont la haute autorité en matière agricole ne saurait être recusée, dit, dans son *Cours d'Agriculture* : « Les chiffons provenant des débris des étoffes de laine offrent des ressources d'engrais assez importantes. On compte en moyenne par année, en France, sur une consommation de drap qui s'élève à un poid de 43 millions de kilos ; or, comme les chiffons qui en résultent contiennent à leur état normal 17,98 p. 100 d'azote, il en résulterait une masse totale de 7,731,400 kilos d'azote, représentant plus de 1,938,500 kilos de fumier de ferme, pouvant produire plus de 241,606 hectol. de blé.

Mais il s'en faut beaucoup que cette richesse

agricole soit toute recueillie et utilisée ; la plus grande partie en est gaspillée dans les campagnes, et ce n'est que dans les grandes villes qu'on peut en réunir une quantité considérable.

En Angleterre, on importe beaucoup du continent de la Sicile pour la culture du houblon ; en province on se sert de chiffons pour toutes sortes de cultures, principalement dans les terrains secs.

MM. Boussingault et Payen, dans leur *Mémoire sur les Engrais* (1), citent l'économie que M. Delongchamps réalisait, près de Paris, sur une terre de 183 hectares, par l'emploi des chiffons. Il fumait d'abord avec 3,000 kilos de chiffons de laine, et, trois ans après, il donnait à la même terre une fumure de fumier ordinaire, dont le principal objet était d'entretenir le sol dans un état d'ameublissement convenable. Trois ans plus tard, nouvelle fumure avec les chiffons de laine, qui revenaient ainsi tous les six ans sur la même terre.

M. Isidore Pierre, auquel la chimie agricole doit les travaux les plus intéressants et en même temps les plus consciencieux, dit, dans l'un de ses ouvrages : « La laine est reconnue, depuis longtemps déjà, comme un excellent engrais, et l'on s'accorde assez généralement pour attribuer en grande partie

(1) *Annales de Chimie*, 3e série, t. III, p. 86.

son efficacité à sa grande richesse en matières azotées ; la laine contient de 160 à 180 millièmes de son poids d'azote. Outre la grande proportion d'azote qu'elle dose, la laine renferme encore beaucoup de soufre qui doit jouer un rôle important dans son action comme engrais. »

M. Basset, dans sa *Chimie de la Ferme*, écrit : « C'est, à mon avis, le meilleur et le plus durable des engrais supplémentaires ; mettez-en sur vos terres toutes les fois que vous en trouverez l'occasion. »

Enfin, M. Rohart, dont les nombreux conseils ont rendu de véritables services à l'agriculture de notre époque, surtout en matière d'engrais, dit dans son *Guide de la fabrication économique des engrais* : « Il suffit d'avoir vu les transformations opérées en quelques années par les déchets de laine sur les plus pauvres terres de la Champagne et notamment à l'est de Reims, et pour ainsi dire aux portes de la ville, pour apprécier toute la valeur agricole de ces résidus et pour comprendre la vigilance proverbiale du paysan champenois à l'égard de l'enlèvement des balayures des fabriques de tissus de laine et des filatures. Les terrains les plus ingrats qui, il y a vingt ans à peine, ne se révélaient que par une déplorable stérilité, produisent, depuis longtemps, les plus belles récoltes et donnent les rendements les plus élevés. Dans ces contrées ces déchets ne sont amenés sur les terres qu'avec le fumier des bestiaux, avec lequel ils ont été préalablement mélangés et après avoir fermenté ensemble. C'est une bonne et judicieuse méthode, car l'humus manque aux débris laineux pour pouvoir fournir à la végétation tous les éléments dont elle a besoin, et le fumier de ferme en est toujours amplement pourvu. En un mot, c'est un excellent moyen d'augmenter économiquement la puissance du fumier, en élevant sa richesse en azote sans surcharger inutilement son volume et son poids. »

Et pour citer une dernière mais précieuse autorité, M. Petit-Lafitte, le digne et savant professeur d'agriculture de la Gironde, écrivait dans le journal publié à Bordeaux, du 10 novembre, *les Tablettes agricoles*, et dans la *Feuille du Dimanche* : « Nous constatons avec bonheur les efforts persévérants faits par la maison Ariès de Bordeaux pour recommander dans un pays qui n'en connaît pas l'usage la puissance fécondante des chiffons, surtout pour les productions ligneuses. »

Après de semblables autorités nous pouvons, en toute assurance, apporter ici les résultats de notre expérience et déclarer que les essais que nous avons conseillés, dans le Languedoc surtout, ont été couronnés par les plus grand succès. Les chiffres que nous obtenons le prouvent de la manière la plus éclatante. En 1838, au début de cette industrie, comme nous le disions plus haut, nous ne dépassions pas 10,000 fr., et aujourd'hui nous atteignons chaque année 250 à 300,000 fr.

Quelle est donc la véritable cause de succès si rapides et en même temps si constants ? C'est ce que nous allons démontrer dans les chapitres qui vont suivre.

CHAPITRE IV

De la valeur de l'azote en agriculture.

—

Dans son *Cours d'agriculture* (1) M. de Gasparin écrit : « Le besoin de substances azotées est tellement senti, que sans analyse préalable, par un accord général spontané, fruit de l'expérience de tous les peuples, le prix de chacune des substances est presque relatif à la quantité d'azote qu'elles renferment dans chacun des emplois que l'on peut en faire. C'est donc cette substance la plus rare, la plus chère, la plus nécessaire que nous devons rechercher la première ; c'est elle qui doit surtout nous préoccuper dans le choix de nos engrais. Quand nous aurons pourvu nos terres d'azote il sera facile ensuite de trouver les autres suppléments nécessaires à la végétation. »

Sans l'azote, en effet, les végétaux ne sauraient ni ne pourraient exister ; aussi la nature, toujours prévoyante, a-t-elle voulu qu'ils en trouvassent à leur disposition et dans l'air et dans le sol.

(1) Tome I, p. 549.

C'est l'agent fertilisateur par excellence, et c'est de lui que les fumiers et tous les engrais tirent leur plus grande valeur agricole.

On doit reconnaître aussi, avec les physiologistes, qu'il est également l'agent suprême de toute nutrition, parce que c'est à lui également que nos plantes alimentaires et tout ce qui sert à la nourriture des hommes et des animaux empruntent leur plus grande valeur nutritive, et, comme le dit M. Rohart, dans l'ouvrage déjà cité, l'histoire entière de la végétation et celle de la vie animale sont donc dans la présence de ce principe universel, puisqu'il est la source de la vie pour les hommes, les animaux, les végétaux, puisqu'en privant nos aliments de leur élément azoté, toute qualité nutritive disparaît, puisqu'en privant la terre de l'azote qui contiennent ses matières organiques, il n'y a pas de végétation.

Comme on s'accorde à attribuer un rôle capital aux principes azotés qui se trouvent soit dans les matières végétales destinées à l'alimentation de l'homme ou des animaux, soit dans les débris végétaux qui concourent à la production des engrais, il ne sera pas sans intérêt de citer quelques-uns des nombres qui expriment la richesse en azote des produits végétaux les plus usuels. Ces nombres sont rapportés à 1,000 parties de matière sèche :

	Proportion d'azote pour 1,000 parties.	
Froment (graine)	de 21	à 29
— (paille)	4	6,5
Sarrazin (graine)	22	24
— (paille)	6,5	8
Seigle (graine)	19	21
— (paille)	3,5	5
Orge (graine)	20	22
— (paille)	3	4
Avoine (graine)	16,2	20
— (paille)	4,5	5
Sainfoin (graine)	46	47
— (fourrage fané)	18,1	22,5
Luzerne (idem)	27	28
Trèfle rouge (idem)	22	23,5
Ajonc	18,6	
Foin de pré naturel	12	20
Paille de colza	5	6
Silique de colza	7,3	7,5
Navets	16,5	17,9
Betteraves	13,5	23
Carottes	15	17

D'après ce qui précède, on ne saurait contester le rôle important et éminemment fertilisateur de l'azote. Il nous reste maintenant à examiner quelle est sa valeur commerciale et les sources où on peut se le procurer, dans les meilleures conditions de prix et d'assimilation. Il est admis que la valeur commerciale des principaux engrais du commerce est d'autant plus élevé que la richesse en azote est plus considérable, et nous pouvons prendre pour exemple quelques engrais reconnus et généralement employés :

Chairs sèches...	13 0/0 azote,	25 fr. les 100 kilos	
Sang sec.........	15	— 25	—
Guano............	14	— 30	—

Seulement, cette règle n'a pas toujours été suivie, et il ne nous serait pas difficile de citer certains engrais dosant une assez faible quantité d'azote et cotés à des prix fabuleux. D'où ces engrais tirent-ils leur autre valeur ? C'est ce que nous ne pouvons dire. Mais nous déclarerons que l'azote, dans un engrais, a toujours été pour nous le véritable type de sa valeur tant agricole que commerciale.

Produire cet azote dans les meilleures conditions possible, c'est-à-dire à bon marché et d'une assimilation parfaite, tel est le grand problème d'économie agricole que nous avons cherché à résoudre, et qu'effectivement nous avons résolu en offrant aux agriculteurs l'engrais *chiffon et poussier de laine.*

En effet, si, pour le prix, nous établissons une comparaison avec les autres engrais les plus riches en azote, nous voyons que nous sommes dans des conditions bien plus avantageuses pour les agriculteurs, puisque nous donnons 12 à 15 p. 100 d'azote pour 15 fr., lorsque le guano du Pérou et autres engrais animalisés, dosant les mêmes quantités, sont livrés au prix de 30 et 35 fr. les 100 kilos, D'un côté, on a l'azote à 1 fr. le kilo, et de l'autre, on le paie 2 fr.

Certains propriétaires nous ont objecté qu'ils préfèreraient le chiffon pure laine, parce que, disent-ils, les résultats à obtenir doivent être supérieurs. Cela peut être possible, mais notre longue expérience nous autorise à affirmer que MM. les propriétaires ont plus d'avantage à utiliser nos chiffons engrais tels que nous les livrons dans l'industrie. D'abord ils sont moins chers, et leur teneur en azote est plus que suffisante ; tandis que des pures coutures laines coûteraient beaucoup plus cher, 22 francs les 100 kilos, et, relativement à ce prix, le dosage en azote n'est pas proportionné. Lorsqu'on a confiance, il vaut mieux s'en rapporter, croyons-nous, à ceux qui n'agissent que d'après l'expérience et la pratique.

Si, suivant la pratique agricole qui paraîtrait avoir force de loi, on accorde 40 kilos d'azote à la culture d'un hectare, on comppendra, à l'aide du plus simple des calculs, tout l'avantage qu'il y aura à se servir du chiffon engrais, puisqu'il n'occasionne que la moitié de la dépense.

Si, d'un autre côté, nous examinons les diverses propriétés de l'azote qui se trouve dans les différents engrais, nous verrons encore que tout l'avantage se trouve du côté de l'azote contenue dans le chiffon engrais. En effet, l'azote du chiffon se dégage avec lenteur et fait, par conséquent, sentir ses effets très longtemps; l'azote, au contraire, de certains engrais, renfermant trop de matières animales, se dégage rapidement et les effets sont de très peu de durée : aussi, l'engrais demande-t-il à être souvent renouvelé et il n'en est pas ainsi pour le produit qui nous occupe, puisque sa durée, dans le sol, est de cinq à six ans.

Outre la grande proportion d'azote qu'il contient, le chiffon engrais renferme, comme nous le disions plus haut, une assez grande quantité de soufre qui, très certainement, joue un rôle important dans son action comme engrais. La potasse qui se trouve dans le suint, dont le chiffon n'est jamais dépourvu, malgré les préparations qu'il subit, contribue aussi à augmenter la valeur agricole de notre produit. On sait quel rôle important l'on fait jouer à la potasse dans la végétation ; il est donc très avantageux de pouvoir constater la présence de ce précieux alcali dans le chiffon que nous donnons pour engrais.

CHAPITRE V.

Emploi et vente du chiffon de laine.

La dose de chiffon nécessaire à la fumure d'un hectare n'est pas la même partout. En Angleterre, on ne la porta guère au-delà de 1,600 kilos ; on l'applique avec beaucoup de succès à la plantation du houblon, aux pommes de terre, aux betteraves et à d'autres plantes qui, semées en rayon, facilitent la distribution de l'engrais.

En France, on applique principalement le chiffon de laine à la culture de la vigne, des oliviers, des amandiers et du houblon, surtout dans la Provence, et enfin, de tous les arbres fruitiers. Nos observations et une longue expérience nous ont démontré qu'une livre ou 1[2 kilo par pied de vigne suffit au moins, pour cinq à six ans. Pour un arbre on met la quantité de 1 à 3 kilos, suivant la force de l'arbre.

Notre maison qui, depuis trente ans bientôt, comme nous le disions plus haut, fournit toutes les contrées du Languedoc, a toujours vendu de 14 à 20 fr. les 100 kilos, suivant les récoltes ; si aujourd'hui, nous baissons nos prix, en livrant à 15 fr. au lieu de 20, c'est que nous avons supprimé les intermédiaires entre nous et l'acheteur, et il est juste que nous fassions profiter l'agriculteur de cet avantage.

Le titre du chiffon qui sort de nos magasins a toujours été 12 à 16 p. 100 d'azote.

SECONDE PARTIE

LE PHOSPHO-POUSSIER.

CHAPITRE VI.

De la valeur du phosphate de chaux en agriculture.

Dans notre brochure sur les chiffons engrais et publiée en novembre dernier et que nous avons reproduite dans cet opuscule, nous avons démontré toute la valeur agricole de ces produits.

Nous avons vu avec plaisir que nous avions été compris, et pouvait-il en être autrement du moment que tout ce que nous disions était l'expression de la vérité? Les succès obtenus, les résultats aujourd'hui conformes ont proclamé de la manière la plus évidente tout ce que nos prévisions avaient de fondé.

Nous appuyant sur l'expérience du passé, nous recommandions surtout les chiffons de laine pour toutes les plantes ligneuses et en particulier la vigne et les arbres fruitiers. Depuis lors, nous nous sommes mis de nouveau à l'étude, et après y avoir sérieusement songé, il nous a été donné de reconnaître que le chiffon de laine, et en particulier le poussier, pouvait, après avoir subi diverses préparations, être combiné avec le phosphate de chaux et être employé avec un succès certain à la culture de toutes les céréales, le froment en particulier. C'est ce que nous prenons la liberté de démontrer dans ces quelques lignes et avec l'espoir d'être aussi favorablement entendus cette année que nous l'avons été l'année dernière. Honneur comme succès oblige; aussi est-ce avec la plus grande sincérité que nous venons proposer à l'agriculture intelligente et éclairée cette nouvelle et précieuse combinaison.

L'illustre Dumas, dont l'autorité en matière agricole ne saurait être récusée, a dit que : « Parmi les moyens propres à rendre à l'agriculture tous les produits essentiels que les plantes ont soustraites au sol, le dernier mot de la chimie le résume en *ammoniaque* et *phosphate.* »

M. Boussingault partage la même opinion : « Un engrais pour être complet, dit-il, doit contenir l'azote et le phosphate. »

Au chapitre IV de notre brochure citée plus haut, nous avons démontré la valeur de l'azote en agriculture et surtout de cet azote provenant des chiffons de laine, azote *totalement* et *progressivement* assimilable, condition essentielle d'un bon engrais. Aujourd'hui nous dirons quelques mots du phosphate de chaux, de son origine et des qualités qu'il doit avoir pour être, lui aussi, *totalement et progressivement* assimilable.

M. Barral, dans le *Journal d'Agriculture pratique* du 5 juin 1862, disait et avec raison : « L'une des conditions essentielles de l'efficacité d'une matière fertilisante, c'est qu'elle soit assimilable pour les végétaux. »

Sans nous arrêter à faire l'histoire des divers phosphates de chaux que l'industrie a su se procurer, nous ne nous occuperons que du phosphate des os, celui assurément qui, dans la pratique agricole, donne les meilleurs résultats. Ce sont donc les animaux qui nous le fourniront, et encore même, avant de nous le procurer, ils auront été le demander aux plantes, car presque toutes, surtout les graminées, en renferment de notables quantités ; et c'est ainsi que plus tard ces mêmes animaux, qui auront formé leur robuste charpente à l'aide des végétaux dont ils se sont nourris, produiront eux aussi avec leur débris de nouveaux végétaux pour nourrir une nouvelle race d'êtres vivants ; et n'est-ce pas là le cas de répéter ce que nous disions ailleurs : que tout semble former un cercle éternel dans lequel la vie s'agite et se manifeste, mais où la matière ne fait que changer de place ?

L'idée d'utiliser les débris de la charpente osseuse des animaux comme engrais n'est pas très ancienne ; ce n'est guère que depuis le commencement du siècle que leur emploi à cet usage a pris du développement. En Angleterre où l'agriculture, il faut le reconnaître, est en très grande voie de prospérité, leur application a reçu de nos jours une extension considérable. Au reste, il y a plus de quarante ans que nos voisins d'Outre-Manche importent annuellement des quantités d'os très fortes pour les besoins de leur agriculture. Actuellement, on n'évalue pas à moins de 50 millions de kilogrammes la quantité d'os annuellement importés dans la Grande-Bretagne et qui viennent s'ajouter à la production intérieure, laquelle est considérable, car on sait que la viande de boucherie forme l'alimentation du peuple anglais.

En France, nous n'en sommes pas encore venus là ; mais, nous devons le constater, on commence à mieux apprécier les matières fertilisantes produites chaque jour par l'industrie, et qui autrefois étaient considérées comme des non valeurs dont on se hâtait de se débarrasser à prix d'argent, témoins pour nos contrées les résidus de noir de raffinerie (os carbonisés), dont on se servait naguère pour combler les fossés de l'ancien Fort-Louis, emplacement de l'Abattoir actuel de Bordeaux. Ces produits, de nulle valeur commerciale il y a quarante ans, se vendent annuellement de 12 à 15 francs l'hectolitre et rendent à l'agriculture les services les plus grands.

Ne pourrions-nous pas en dire autant des chiffons, nous qui les premiers les avons introduits dans la pratique agricole?

Mais qui nous a démontré que l'agriculture, et en particulier une certaine branche de cette agriculture, réclamait l'usage des phosphates de chaux?

Ce sont les plantes elles-mêmes qui nous l'ont appris.

Interrogées par cette science qui s'est à juste titre arrogé le droit de demander aux divers éléments et leur origine et leur but, la chimie, il nous a été facile de reconnaître que toutes les graminées, l'une des familles de plantes les plus utiles à l'homme, contenaient des quantités notables d'acide phosphorique en combinaison avec la chaux. De là, la déduction claire et nette d'en fournir nous-mêmes à ces mêmes plantes, si nous voulions assurer et perpétuer leur existence. Le tableau suivant et dû aux savantes recherches de MM. Payen et Boussingault, nous démontrera les quantités variables d'acide phosphorique contenues dans les principales graminées les plus en usage parmi nous :

	Cendres de 1000 k.	Potasse Soude	Chaux Magnésie.	Acide phosph.	Silice	Acide sulfur.
FROMENT. Grain.....	24k	8k	5k	10k	1k	»k
— Paille.. ..	70	6	7	4	49	»
SEIGLE. Grain........	22	7	3	10	»	»
— Paille.	36	3	1,5	2	28	»
ORGE. Grain..........	25	5,5	2,5	9	5	»
— Paille..........	52	4,5	6,5	1	38	»
AVOINE. Grain.	40	6,5	5	7	18	»
— Paille......	51	13	5	1,5	27	2
POMME DE TERRE....	40	22	4	4	2	6
BETTERAVE...........	63	36	10	4	6	1,5
TRÈFLE................	77	24	34	6	3	3
LUZERNE..............	66	20	53	13	4	4
MAÏS. Grain...........	15	5	3	6	0,5	»
— Paille..........	50	16	8	8	1,4	»
FÉVEROLES. Grain..	30	13	8	11	»	1
— Paille.	31	15	12	3	3	»

Adoptant et avec raison que l'acide phosphorique, combiné avec la chaux ou le phosphate de chaux, est l'un des éléments les plus indispensables à la nutrition d'une certaine classe de plantes, les céréales, il sera opportun dans ce chapitre de dire où et comment il faut employer les engrais phosphatés.

Depuis que nous nous sommes livrés à l'industrie des engrais, il nous a été donné bien souvent de nous apercevoir que certains reproches étaient adressés non-seulement à nos engrais, mais encore à ceux de certains fabricants, dont les produits, positivement, devaient être placés en première ligne ; et ce que nous avons remarqué de plus surprenant, c'est que ces mêmes engrais, objets de reproches pour les uns, étaient pour les autres, au contraire, l'occasion de témoignages les plus bienveillants. D'où vient donc cet antagonisme et en même temps ces contradictions si diverses et si multipliées ?

Notre longue expérience nous l'a appris ; et, sans crainte de nous tromper, nous pouvons aujourd'hui émettre à ce sujet une opinion aussi juste que fondée et qui, nous en sommes convaincus, résistera à toute objection.

De même qu'un remède aussi puissant et aussi énergique qu'on le suppose ne saurait être efficace pour tous les tempéraments, de même un engrais des mieux préparés et dans lequel les combinaisons les plus parfaites existent, ne saurait convenir aux mêmes plantes ni aux mêmes sols.

De là la déduction aussi claire qu'évidente que, pour qu'un engrais réponde aux justes espérances qu'il a fait concevoir, devra, avec discernement, être employé pour la plante qui le réclame et surtout pour le terrain où il doit être jeté. N'oublions pas que l'engrais est le remède du sol et de la plante, et que ses effets ne seront efficaces qu'en tant qu'il aura été appliqué avec discernement. Les lois les plus élémentaires de la physiologie nous enseignent cette manière de procéder; mais quelques exemples nous le démontreront davantage.

Nous avons, quelques lignes plus haut, parlé du phosphate de chaux. Eh bien ! il nous sera facile de démontrer que ce sel terreux, déposé sur un sol calcaire présentant par exemple des quantités considérables de *carbonate de chaux*, il nous sera facile, disons-nous, de prouver que là les effets du phosphate de chaux seront absolument nuls et que la plante à laquelle il aura été destiné n'en aura pas usé.

En effet, la première condition d'un engrais pour qu'il agisse est d'être assimilable en partie d'abord, et en totalité ensuite; mais, pour être assimilable, il faut qu'il soit transformé. Or, la transformation du phosphate de chaux n'est pas possible sur des terrains trop calcaires, et voilà pourquoi : L'acide carbonique, qui se trouve répandu en très grande quantité dans la nature et particulièrement dans le sol, est le grand dissolvant des sels terreux et des phosphates de chaux en particulier. Or, dans un terrain calcaire cet acide étant combiné avec le sel qui forme la base de sa combinaison, la chaux, par exemple, n'existe plus en liberté et ne peut, par conséquent, servir à la dissolution des autres sels qui le réclament, et dès lors ces sels restent sur le sol inertes et inutiles, et la plante qui attendait d'eux son accroissement en est indéfiniment privée.

Que devions-nous conclure? C'est qu'avant de mettre un engrais dans un sol, il serait bon d'étudier un peu ce sol lui-même. Nous savons que ces études ne sont pas toujours faciles; mais avec les lumières qui nous viennent aujourd'hui de tout côté, avec ce désir très prononcé qui nous porte comme malgré nous à nous occuper des choses agricoles, il sera possible d'arriver à des notions sinon précises, du moins suffisantes.

Ce que nous avons dit du phosphate de chaux, il nous serait également possible de l'établir au sujet de l'azote, qui, comme on le sait et comme nous n'avons cessé de le répéter dans notre première brochure, est la base de tout engrais. L'azote d'un engrais, pour être efficace et productive, a besoin aussi d'être déposé dans des terrains choisis et appropriés; il est évident que presque tous les terrains lui conviennent, mais l'expérience démontre journellement que des masses d'azote sont perdues. Ainsi il est prouvé que des engrais azotés, déposés dans des terrains trop humides, ne produisent aucun effet, et il n'en serait autrement, si, précédemment, la chaux était venue modifier ces terrains.

L'acidité des terrains trop humides se combine

avec l'azote qui se dégage, et au lieu d'un alcali qui devait se produire, on se trouve en présence de sels acides qui ne remplissent plus le but que l'on s'était proposé.

Comme on le voit, l'agriculture renferme des problèmes plus complexes et plus difficiles à résoudre qu'on semblait tout d'abord se l'imaginer. Mais avec un peu de pratique, un peu d'observation, on arrive aisément à triompher de toutes ces difficultés.

Mais pour celles qui sont inhérentes à l'emploi de nos engrais, nous nous ferons un devoir de les signaler et de les aplanir, et nous sommes pleinement convaincus d'avance des résultats qu'on obtiendra en suivant les quelques conseils que l'expérience et la pratique nous donnent le droit de donner.

Nous dirons donc, pour nous résumer dans ce premier article, que les engrais phosphatés ne doivent pas être employés dans les terrains trop riches en carbonate de chaux : leurs effets seront complètement nuls. Mais dans les terrains argileux, siliceux et même tourbeux, on est en droit d'en attendre les meilleurs effets.

Mais pourquoi, nous dira-t-on, remplacer ce sel dans les terrains calcaires? Notre réponse sera aussi simple que facile, disant qu'il faut peu se préoccuper de la fertilité de ces sols : ce sont ordinairement les meilleurs, et quand la couche de terre qui les recouvre est assez meuble et épaisse, on a là le type des sels excellents auxquels très peu d'amendements suffisent. On peut dire que toutes les cultures se plaisent et prospèrent dans ces sols. Il faut reconnaître que le phosphate de chaux, mais en minime quantité, peut convenir à ces sols, car il trouve un élément de solubilité dans l'acide carbonique de l'air si le sol en est dépourvu.

Il est prouvé que les phosphates solubles sont une des bases indispensables d'un bon engrais. Il nous reste à démontrer maintenant à quelle dose et dans quelles proportions il doit entrer dans la composition d'un engrais.

Bien des opinions, bien des théories ont été émises à ce sujet; mais l'expérience a dû là, comme en toutes choses de ce genre, prononcer d'une manière positive et péremptoire.

CHAPITRE VII.

Des quantités d'azote et de phosphate de chaux à introduire dans les engrais.

—

Ce ne sont pas les remèdes qui, pris à une haute dose, agissent toujours le plus efficacement; de même pour les plantes, ce ne sont pas les grandes quantités qui doivent opérer. L'ordre admirable de la nature a voulu que chaque élément qui entre dans la composition du végétal soit en quantité déterminée, afin que l'équilibre ne fût jamais dérangé. Les éléments constitutifs des plantes sont des plus variés, bien qu'en apparence ils semblent se réduire à quelques-uns très peu nombreux.

Il en résulte néanmoins que chacun de ses éléments est en quantité déterminée et dans des proportions voulues pour que la vie de la plante soit assurée.

Comme conséquence de ce principe, nous avons combiné le phosphate à notre engrais dans des proportions suffisantes et qui ne s'élèvent pas au chiffre établi, il est vrai, mais sans raison, dans d'autres engrais. Il en est ainsi pour l'azote : bien des insuccès sont très souvent dûs à la présence de trop d'azote. Il n'y a pas longtemps encore qu'il nous était donné de voir une vigne que des fumiers trop azotés avaient presque détruite. Il est évident que la végétation obéit à des lois immuables qui doivent la protéger dans maintes circonstances, mais il est évident aussi que lorsque cette même végétation est surexcitée par des engrais mal appropriés, elle devient chétive et languissante lorsque l'on était en droit d'espérer un tout autre résultat.

N'oublions donc pas que le phosphate est le pain des plantes ; qu'il est un des éléments essentiels de leur constitution et qu'il en forme, pour ainsi dire, la charpente. S'il fait défaut dans le sol, ou s'il ne s'y trouve que sous une forme inassimilable, la végétation sera languissante ; la tige des plantes manquera de solidité ; le grain manquera de poids, rien n'arrivera à maturité et l'on verra les récoltes, selon les espèces de variétés, atteintes de ces affections qui sont la destruction des plantes, parce que les plantes ne sont pas suffisamment nourries, et pour les céréales et le froment en particulier cette maladie s'appellera la *rouille*.

Il est si vrai que l'élément phosphorique est indispensable au sol, qu'il est certaines contrées, jadis des plus fertiles, qui contenaient cette substance en quantités suffisantes, mais qui, soumises durant de longues années à un système de cultures épuisantes, ruineuses, ont vu disparaître successivement, degré par degré, à chaque récolte, une partie, puis une autre, puis enfin la totalité de ces éléments de richesses fécondantes qu'elles renfermaient, et devenir tout à fait infertiles pour cause d'épuisement. Telles sont certaines parties de l'Asie-Mineure, de la Virginie, du nord de l'Afrique et de la Sicile, que les Romains appelaient les greniers de l'Italie, et que l'on ne cultive plus de nos jours à cause de leur infertilité.

Nous avons, il nous semble, dans ces quelques lignes, démontré d'une manière plus que suffisante l'utilité du phosphate de chaux comme engrais et l'importance que l'agriculteur éclairé doit y attacher. Il était donc raisonnable et juste de chercher les moyens de l'associer à nos produits ; c'est ce que nous avons fait, et c'est ce que nous venons offrir aujourd'hui à l'agriculture.

Cet engrais, par sa composition et surtout par son état de très grande dissoccation des parties qui le composent, sera non-seulement utile aux céréales, mais encore aux prairies où, comme on le sait, se rencontrent de très nombreuses familles de graminées.

Notre nouvelle combinaison qui, bien entendu,

a toujours pour base la laine, contient environ 10 à 12 0/0 de phosphate de chaux sous la forme la plus assimilable.

A quelle dose faudrait-il l'employer ? On comprendra qu'ici nous serons un peu arrêtés, parce qu'il est très difficile, du cabinet étant, d'indiquer une dose convenable ; exactement comme le médecin ne pourra prescrire un remède, sans voir le malade, à longue distance sans courir le risque de se tromper et parfois même très grossièrement.

C'est donc au propriétaire qui , selon la qualité du terrain qu'il possède, devra voir un peu comment ce sol doit être traité et quels sont ses besoins ; car telle partie du même sol peut exiger une plus ou moins grande quantité d'engrais. Cependant, d'après de nombreuses remarques et des expériences assez souvent répétées, il nous a été donné de comprendre qu'en général 5 à 600 kil. de cet engrais pouvaient, dans la plupart des cas, être mis dans la presque totalité des sols; mais, nous le répétons, c'est la judicieuse observation du cultivateur qui doit juger en dernier ressort.

Cet engrais se vend dans le prix de 14 francs les 100 kil. pris dans nos magasins ou rendu sur les quais ou dans les gares de Bordeaux.

Cette augmentation provient du travail occasionné

par cette nouvelle combinaison et de la bonification dont ce produit est tout naturellement enrichi.

Il va sans dire que l'on trouve également dans nos magasins le poussier ordinaire, et que nous le livrons au même prix que par le passé, c'est-à-dire 12 fr. les 100 kil. — Cependant, si en terminant, il nous est permis de donner un conseil à Messieurs les propriétaires, nous les engagerons à faire l'essai de notre *Phospho-Poussier*, dont nous pouvons dès à présent assurer les succès.

TABLE

Première Partie.

Seconde Partie.

www.ingramcontent.com/pod-product-compliance
Ingram Content Group UK Ltd.
Pitfield, Milton Keynes, MK11 3LW, UK
UKHW020450180726
13839UKWH00004B/1747

9 782329 594903